冶金工业建设工程预算定额

（2012 年版）

第十四册　冶金工厂建设建筑安装工程费用定额

北　京

冶 金 工 业 出 版 社

2013

图书在版编目(CIP)数据

冶金工业建设工程预算定额:2012年版. 第十四册,冶金工厂建设建筑安装工程费用定额/冶金工业建设工程定额总站编. —北京:冶金工业出版社,2013.1

ISBN 978-7-5024-6134-8

Ⅰ. ①冶…　Ⅱ. ①冶…　Ⅲ. ①冶金工厂—建筑工程—建筑预算定额—中国　Ⅳ. ①TU723.3

中国版本图书馆CIP数据核字(2012)第282234号

出 版 人　谭学余
地　　址　北京北河沿大街嵩祝院北巷39号,邮编100009
电　　话　(010)64027926　电子信箱　yjcbs@cnmip.com.cn
责任编辑　李培禄　美术编辑　彭子赫　版式设计　孙跃红
责任校对　郑　娟　刘　倩　责任印制　牛晓波
ISBN 978-7-5024-6134-8
冶金工业出版社出版发行;各地新华书店经销;三河市双峰印刷装订有限公司印刷
2013年1月第1版,2013年1月第1次印刷
850mm×1168mm　1/32;2.75印张;77千字;79页
30.00元

冶金工业出版社投稿电话:(010)64027932　投稿信箱:tougao@cnmip.com.cn
冶金工业出版社发行部　电话:(010)64044283　传真:(010)64027893
冶金书店　地址:北京东四西大街46号(100010)　电话:(010)65289081(兼传真)
(本书如有印装质量问题,本社发行部负责退换)

冶金工业建设工程定额总站　文件

冶建定[2012]52号

关于颁发《冶金工业建设工程预算定额》(2012年版)的通知

为适应冶金工业建设工程的需要,规范冶金建筑安装工程造价计价行为,指导企业合理确定和有效控制工程造价,由总站组织冶金系统造价专业人员修编的《冶金工业建设工程预算定额》(2012年版)已经完成。经审查,现予以颁发,自2012年11月1日起施行。原冶金工业建设工程定额总站颁发的《冶金工业建设工程预算定额》(2001年版)(共十四册)同时停止执行。

本定额由冶金工业建设工程定额总站负责具体解释和日常管理。

冶金工业建设工程定额总站

二〇一二年九月十九日

综 合 组：张德清　林希琤　赵　波　陈　月　张连生　吴永钢　吴新刚　万　缨　乔锡凤　文　苹

孙旭东　陈国裕　郭绍君　付文东　郑　云　朱四宝　杨　明　徐战艰　张福山

主编单位：冶金工业建设工程定额总站

副主编单位：冶金工业武汉预算定额站

协编单位：鹏业软件股份有限公司

主　　编：张德清

副 主 编：喻建华

参编人员：余铁明　宋　菜　姚　波　刘　畅

编辑排版：赖勇军

目　录

册 说 明

一、《冶金工厂建设建筑安装工程费用定额》是依据建设部、财政部2003年10月15日《关于印发〈建筑安装工程费用项目组成〉的通知》（建标［2003］206号）文中的要求与原则，结合冶金建设工程的特点与具体情况编制的。本定额是编制冶金工厂建筑安装工程施工图预算的依据；是编制概算定额（指标）的基础；也是编制工程标底、投标报价和签订施工合同的指导性文件的基础。

二、凡遇到高级装饰装修工程，其中彩色涂层板与铝合金门窗工程的取费标准，除利润、税金外，一律按土建工程费率的50%计取相关的费用。

三、本定额金属结构件制作、冶金炉窑砌筑工程的主材价格参与取费。其主材价格最高限价的取定应在合同中约定。金属结构件安装工程费用的计算基础不包括金属结构件制作本身的价值。

四、本定额土建工程中的打桩工程（指打钢制桩和预制钢筋混凝土桩）的工程费用计算基础不包括桩的本身价值。

五、本定额安装工程中包括冶金工厂建设中的机械设备、电气设备、自动化控制仪器仪表与消防设备、铁路信号等安装工程，以及工艺管道、给排水、采暖通风、除尘等工程。刷油、防腐、绝热保温工程采用主体工程所适用的费率。

六、本定额铁路上部建筑工程包括冶金工厂区铁路铺设中的钢轨、轨枕、配件以及道砟等铺设工程。

七、本定额适用于采用定额计价的冶金工厂建筑安装工程造价的编制。采用工程量清单计价的冶金工厂建筑安装工程招标标底的计算应按本定额执行；投标报价时，可参考本定额执行。

八、本定额未实行不同工程类别、不同工程性质的差别费率。建设单位与施工单位应根据各类工程情况，在工程招投标合同中进行约定。

九、本定额自2013年1月1日起施行，原《冶金工厂建设建筑安装工程费用定额》（2006年版）同时停止执行。在执行中有何问题，请及时反馈冶金工业建设工程定额总站，以便不断修订完善。

第一章

冶金工厂建筑安装工程费用定额及计算程序

表一、冶金工厂建筑安装工程费用项目组成表

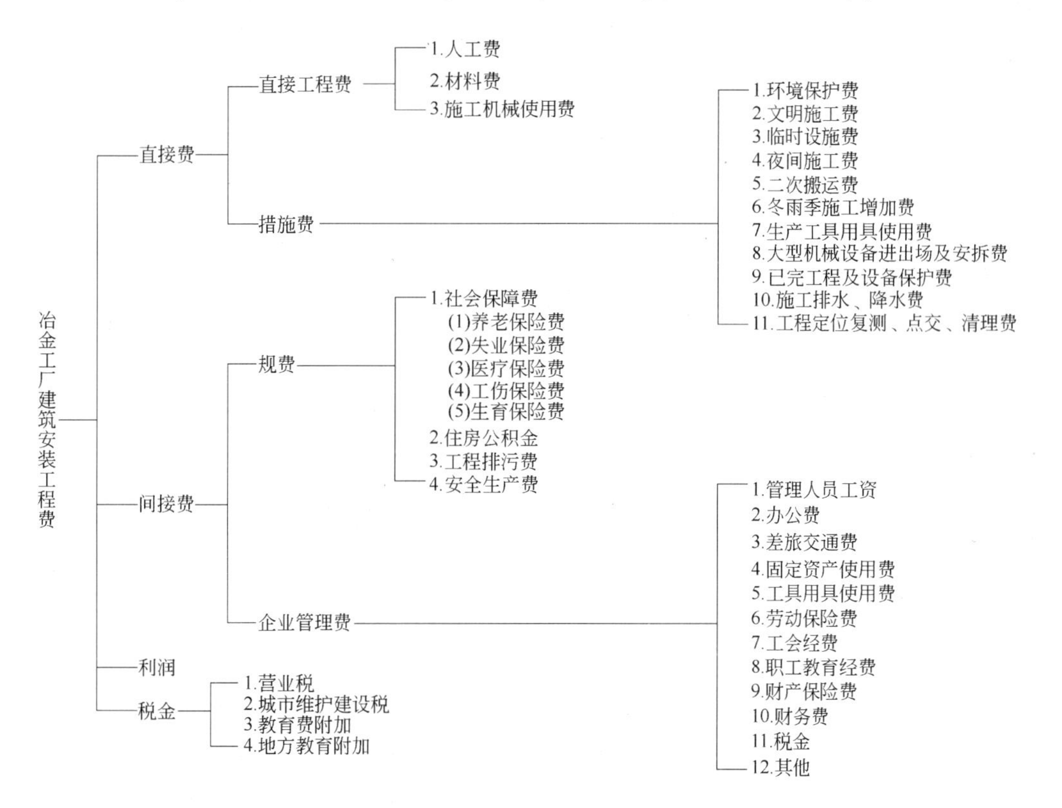

一、直接费

1. 直接工程费

（1）冶金工厂建筑安装工程定额人工工日单价表

单位：元/工日

工程类别 费用名称	建筑工程	安装工程
定额人工工日单价	75	80

（2）检验试验费

单位:%

计费基础 费用名称	材料费
检验试验费	0.2

2. 措施费

单位:%

序号	计费基础 / 工程类别 / 费用名称	直接工程费						人工费	
		土建	地基处理	冶金炉窑砌筑	金属结构制作	金属结构安装	铁路上部建筑	机械化土石方	安装
1	环境保护费	0.16	0.08	0.07	0.11	0.17	0.06	0.16	0.58
2	文明施工费	0.06	0.03	0.03	0.04	0.07	0.02	0.06	0.23
3	临时设施费	0.96	0.5	0.46	0.56	1.02	0.33	0.93	3.68
4	夜间施工费	0.10	0.05	0.04	0.07	0.10	0.03	0.10	0.35
5	二次搬运费	0.06	0.03	0.03	0.00	0.07	0.02	0.06	0.23
6	施工排水、降水费	0.06	0.03	0.03	0.00	0.07	0.02	0.06	0.23
7	冬雨季施工费	0.13	0.07	0.06	0.09	0.14	0.05	0.12	0.47
8	生产工具用具使用费	0.03	0.02	0.01	0.02	0.03	0.02	0.03	0.12
9	工程定位、点交、场地清理费	0.06	0.03	0.03	0.04	0.07	0.02	0.06	0.23
10	大型机械设备进出场及安拆费	按批准的施工组织设计方案确定							
11	已完工程及设备保护费								
12	小计	1.63	0.85	0.77	0.94	1.73	0.57	1.56	6.12

注：1. 混凝土、钢筋混凝土模板及支架、脚手架可编入预算子目或清单综合单价。

2. 本表中未列的措施费项目，可根据工程的具体情况，在合同中约定。

二、间接费

1. 规费

单位:%

序号	费用名称 \ 工程类别 \ 计费基础	直接工程费						人工费	
		土建	地基处理	冶金炉窑砌筑	金属结构制作	金属结构安装	铁路上部建筑	机械化土石方	安装
1	社会保障费	3.83	1.98	1.47	2.22	4.07	1.49	4.12	32.3
(1)	养老保险费	(2.24)	(1.16)	(0.86)	(1.30)	(2.38)	(0.77)	(2.16)	(20.0)
(2)	失业保险费	(0.32)	(0.17)	(0.12)	(0.18)	(0.34)	(0.11)	(0.31)	(1.0)
(3)	医疗保险费	(1.15)	(0.60)	(0.44)	(0.67)	(1.22)	(0.40)	(1.11)	(10.0)
(4)	工伤保险费	(0.06)	(0.03)	(0.02)	(0.03)	(0.07)	(0.02)	(0.06)	(0.5)
(5)	生育保险费	(0.05)	(0.03)	(0.02)	(0.03)	(0.05)	(0.19)	(0.47)	(0.8)
2	住房公积金	0.96	0.5	0.37	0.56	1.02	0.33	0.93	12
3	工程排污费	0.03	0.02	0.01	0.01	0.03	0.01	0.03	0.30
4	安全生产费	1.5	1.5	1.5	1.5	1.5	1.5	1.5	22.5

2. 企业管理费

单位:%

计费基础 / 工程类别 / 费用名称	直接工程费						人工费	
	土建	地基处理	冶金炉窑砌筑	金属结构制作	金属结构安装	铁路上部建筑	机械化土石方	安装
企业管理费	5.76	2.52	2.92	1.88	5.01	1.08	4.34	33.41

三、利　润

单位:%

计费基础 / 工程类别 / 费用名称	直接费+间接费	人工费
	建筑工程	安装工程
利　润	7	30

四、综合税率

单位:%

地　区	市　区	县城、镇	不在市区、县城、镇
综合税率	3.48	3.41	3.28

表二、冶金工厂建筑安装工程费用计算程序表

序号	费用项目		计算方法	
			以直接工程费为计费基础的工程	以人工费为计费基础的工程
1	直接费	直接工程费	施工图工程量×定额基价	
2		其中：人工费	定额工日×75元/工日	定额工日×80元/工日
3		材料费	按《冶金工业建设工程预算定额》（2012年版）基价计算	
4		机械费	按《冶金工业建设工程预算定额》（2012年版）基价计算	
5		构件增值税	构件制作定额基价×税率	-
6		措施费	直接工程费×费率	人工费×费率
7	价差	主材价差	主材用量×（市场价格－定额取定价格）	
8		辅材价差	按综合系数调整	
9		人工费调整	按规定计算	
10		机械费调整	按规定计算	
11	间接费	规费	直接工程费×费率	人工费×费率
12		企业管理费	直接工程费×费率	人工费×费率
13	利润		（直接费＋间接费）×费率	人工费×费率
14	不含税工程造价		直接费＋价差＋间接费	
15	税金		不含税工程造价×综合税率	
16	含税工程造价		不含税工程造价＋税金	

第二章

冶金工厂建筑安装工程费用项目划分及内容

冶金工厂建筑安装工程费由直接费、间接费、利润、税金组成（详见冶金工厂建筑安装工程费用项目组成表）。

一、直接费

直接费由直接工程费和措施费组成。

1. 直接工程费：是指施工过程中耗费的构成工程实体的各项费用，包括人工费、材料费、施工机械使用费。

（1）人工费：是指直接从事建筑安装工程施工的生产工人开支的各项费用，内容包括：

① 基本工资：是指发放给生产工人的基本工资；

② 工资性补贴：是指按规定标准发放的物价补贴，煤、燃气补贴，交通补贴，流动施工津贴等；

③ 生产工人辅助工资：是指生产工人有效施工天数以外非作业的工资，包括职工学习、培训期间的工资，调动工作、探亲、休假期间的工资，因气候影响的停工工资，女工哺育期间的工资，病假在六个月以内及产、婚、丧假期的工资；

④ 职工福利费：是指按规定标准计提的职工福利费；

⑤ 生产工人劳动保护费：是指按规定标准发放的劳动保护用品的购置费及修理费、徒工服装补贴、防暑降温费、在有碍身体健康环境中施工的保健费用等。

（2）材料费：是指施工过程中耗费的构成工程实体的原材料、辅助材料、构配件、零件、半成品的费用，内容包括：

① 材料原价（或供应价格）；

② 材料运杂费：是指材料自来源地运至工地仓库或指定堆放地点所发生的全部费用；

③ 运输损耗费：是指材料在运输装卸过程中不可避免的损耗；

④ 采购保管费：是指为组织采购、供应和保管材料过程中所需要的各项费用，包括仓储费、工地保管费、仓储损耗；

⑤ 检验试验费：是指对建筑材料、构件和建筑安装物进行一般鉴定、检查所发生的费用，包括自设试验室进行试验所耗用的材料和化学药品等费用；不包括新结构、新材料的试验费和建设单位对具有出厂合格证明的材料进行检验，对构件做破坏性试验及其他特殊要求检验试验的费用。

（3）施工机械使用费：指施工机械作业所发生的机械使用费以及机械安拆费和场外运费。施工机械台班单价应由下列七项费用组成：

① 折旧费：指施工机械在规定的使用年限内，陆续收回其原值及购置资金的时间价值；

② 大修理费：指施工机械按规定的大修理间隔台班进行必要的大修理，以恢复其正常功能所需的费用；

③ 经常修理费：指施工机械除在修理以外的各级保养和临时故障所需的费用，包括为保障机械正常运转所需替换设备与随机配置工具附具的摊销和维护费用，机械运转中日常保养所需润滑与擦拭的材料费用，以及机械停滞期间的维护和保养费用等；

④ 安拆费及场外运费：安拆费指施工机械在现场进行安装与拆卸所需的人工、材料、机械和试运转费用以及机械辅助设施的折旧、搭设、拆除等费用；场外运费是指施工机械整体或分体自停放地点运至施工现场或由一施工地点运至另一施工地点的运输、装卸、辅助材料及架线等费用；

⑤ 人工费：指机上司机（司炉）和其他操行人员的工作日人工费及上述人员在施工机械规定的年工作台班以外的人工费；

⑥ 燃料动力费：指施工机械在运转作业中所消耗的固体燃料（煤、木柴）、液体燃料（汽油、柴油）及水、电等；

⑦ 其他费用：指施工机械按国家规定和有关部门规定应缴纳的车船使用税、保险费及年检费等。

（4）施工企业非施工现场制作的构件应收取增值税，构件增值税按构件制作直接费的7.05%计取，增值税列入直接工程费，并计取各项费用。

2. 措施费：是指为完成工程项目施工，发生于该工程施工前和施工过程中非工程实体项目的费用，内容包括：

（1）环境保护费：是指施工现场为达到环保部门要求所需要的各项费用。

（2）文明施工费：是指施工现场文明施工所需要的各项费用。

（3）临时设施费：是指施工企业为进行建筑工程施工所必需搭设的生活和生产用的临时建筑物、构筑物和其他临时设施费用等。临时设施费用包括：临时设施的搭设、维修、拆修费或摊销费。

临时设施包括：临时宿舍、文化福利及公用事业房屋与构筑物，仓库、办公室、加工厂以及规定范围内道路、水、电、管线等临时设施和小型临时设施。

（4）夜间施工费：是指因夜间施工和白天需要照明的地下室、炉内施工所发生的夜班补助费、施工降效、施工照明设备摊销及照明用电等费用。

（5）二次搬运费：是指因施工现场场地狭小等特殊情况而发生的二次搬运费用。

（6）大型机械设备进出场及安拆费：是指机械整体或分体自停放场地运至施工现场或由一个施工地点运至另一个施工地点所发生的机械进出场运输与转移费用，以及机械在施工现场进行安装、拆卸所需的人工费、材料费、机械费、试运转费和安装所需的辅助设施的费用。

（7）冬雨季施工增加费：是指建筑安装工程在冬雨季施工，采取防寒保暖或防雨措施所增加的费用，包括材料费、人工费、保温费及防雨措施费等费用。

（8）生产工具用具使用费：是指施工、生产所需不属于固定资产的生产工具，检验、试验用具等的购置、摊销和维修费，以及支付给工人的自备工具补贴费。

（9）工程定位复测、工程点交、场地清理等费用。

（10）已完工程及设备保护费：是指竣工验收前，对已完工程及设备进行保护所需费用。

（11）施工排水、降水费：是指为确保工程在正常条件下施工，采取各种排水、降水措施所发生的各种费用。

二、间接费

间接费由规费、企业管理费组成。

1. 规费：是指政府和有关权力部门规定必须缴纳的费用（简称规费），内容包括：

（1）工程排污费：是指施工现场按环保部门的规定缴纳的工程排污费。

（2）社会保障（险）费，其中包括：

① 养老保险费：是指企业按规定标准为职工缴纳的基本养老保险费；

② 失业保险费：是指企业按照国家规定标准为职工缴纳的失业保险费；

③ 医疗保险费：是指企业按规定标准为职工缴纳的基本医疗保险费；

④ 工伤保险费：是指企业按照国家规定标准为职工缴纳的工伤保险费；

⑤ 生育保险费：是指企业按照国家规定标准为职工缴纳的生育保险费。

（3）住房公积金：是指企业按规定标准为职工缴纳的住房公积金。

（4）安全生产费：是指按照国家的有关规定企业按规定标准提取在成本中列支、专门用于完善和改进企业或者项目安全生产条件的资金，按建筑安装工程造价比例提取的用于安全生产的管理费。

2. 企业管理费：是指建筑安装企业组织施工生产和经营管理所需费用，内容包括：

（1）管理人员工资：是指管理人员的基本工资、工资性补贴、职工福利费、劳动保护费等。

（2）办公费：是指企业管理办公用的文具、纸张、账表、印刷、邮电、书报、会议、水、电、烧水和集体取暖（包括现场临时宿舍取暖）用煤等费用。

（3）差旅交通费：是指职工因公出差、调动工作的差旅费、住勤补助费、市内交通费和误餐补助费，职工探亲路费，劳动力招募费，职工离退休、退职一次性路费，工伤人员就医路费，工地转移费以及管理部门使用交通工具的油料、燃料、养路费及牌照费。

（4）固定资产使用费：是指管理和试验部门及附属生产单位使用的属于固定资产的房屋、设备仪器等的折旧、大修、维修或租赁费。

（5）工具用具使用费：是指管理使用的不属于固定资产的生产工具、器具、家具、交通具和检验、试验、测绘、消防用具等的购置、维修和摊销费。

（6）劳动保险费：是指由企业支付离退休职工的易地安家补助费、职工退职金、六个月以内的病假人员工资、职工死亡丧葬补助费、抚恤费、按规定支付给离休干部的各项经费。

（7）工会经费：是指企业为职工学习先进技术和提高文化水平，按职工工资总额计提的费用。

（8）财产保险费：是指施工管理用财产、车辆保险。

（9）财务费：是指企业为筹集资金而发生的各种费用。

（10）税金：是指企业按规定缴纳的房产税、车船使用税、土地使用税、印花税等。

（11）其他：包括技术转让费、技术开发费、业务招待费、绿化费、广告费、公证费、法律顾问费、审计费、咨询费等。

三、利润

利润是指施工企业完成所承包工程获得的盈利。

四、税金

税金是指国家税法规定的应计入建筑安装工程造价内的营业税、城市维护建设税、教育费附加及地方教育费附加。

第三章

有 关 文 件 汇 编

建设部、财政部关于印发《建筑安装工程费用项目组成》的通知

建标［2003］206号

各省、自治区建设厅、财政厅，直辖市建委、财政局，国务院有关部门：

为了适应工程计价改革工作的需要，按照国家有关法律、法规，并参照国际惯例，在总结建设部、中国人民建设银行《关于调整建筑安装工程费用项目组成的若干规定》（建标［1993］894号）执行情况的基础上，我们制定了《建筑安装工程费用项目组成》（以下简称《费用项目组成》），现印发给你们。为了便于各地区、各部门做好《费用项目组成》发布后的贯彻实施工作，现将《费用项目组成》主要调整内容和贯彻实施有关事项通知如下：

一、《费用项目组成》调整的主要内容：

（一）建筑安装工程费由直接费、间接费、利润和税金组成。

（二）为适应建筑安装工程招标投标竞争定价的需要，将原其他直接费和临时设施费以及原直接费中属工程非实体消耗费用合并为措施费。措施费可根据专业和地区的情况自行补充。

（三）将原其他直接费项下对建筑材料、构件和建筑安装物进行一般鉴定、检查所发生的检验试验费列入材料费。

（四）将原现场管理费、企业管理费、财务费和其他费用合并为间接费。根据国家建立社会保障体系的有关要求，在规费中列出社会保障相关费用。

（五）原计划利润改为利润。

二、为了指导各部门、各地区依据《费用项目组成》开展费用标准测算等工作，我们统一了《建筑安装工程费用参考计算方法》和《建筑安装工程计价程序》（详见附件二、附件三）。

三、《费用项目组成》自2004年1月1日起施行。原建设部、中国人民建设银行《关于调整建筑安装工程费用项目组成的若干规定》（建标［1993］894号）同时废止。

《费用项目组成》在施行中的有关问题和意见，请及时反馈给建设部标准定额司和财政部经济建设司。

附件一：建筑安装工程费用项目组成

附件二：建筑安装工程费用参考计算方法

附件三：建筑安装工程计价程序

中华人民共和国建设部

中华人民共和国财政部

二〇〇三年十月十五日

附件一：

建筑安装工程费用项目组成

建筑安装工程费由直接费、间接费、利润和税金组成（见附表）。

一、直接费

直接费由直接工程费和措施费组成。

（一）直接工程费：是指施工过程中耗费的构成工程实体的各项费用，包括人工费、材料费、施工机械使用费。

1. 人工费：是指直接从事建筑安装工程施工的生产工人开支的各项费用，内容包括：

（1）基本工资：是指发放给生产工人的基本工资。

（2）工资性补贴：是指按规定标准发放的物价补贴，煤、燃气补贴，交通补贴，住房补贴，流动施工津贴等。

（3）生产工人辅助工资：是指生产工人年有效施工天数以外非作业天数的工资，包括职工学习、培训期间的工资，调动工作、探亲、休假期间的工资，因气候影响的停工工资，女工哺乳时间的工资，病假在六个月以内的工资及产、婚、丧假期的工资。

（4）职工福利费：是指按规定标准计提的职工福利费。

（5）生产工人劳动保护费：是指按规定标准发放的劳动保护用品的购置费及修理费，徒工服装补贴，防暑降温费，在有碍身体健康环境中施工的保健费用等。

2. 材料费：是指施工过程中耗费的构成工程实体的原材料、辅助材料、构配件、零件、半成品的费用，内容包括：

（1）材料原价（或供应价格）。

（2）材料运杂费：是指材料自来源地运至工地仓库或指定堆放地点所发生的全部费用。

（3）运输损耗费：是指材料在运输装卸过程中不可避免的损耗。

（4）采购及保管费：是指为组织采购、供应和保管材料过程中所需要的各项费用，其中包括：采购费、仓储费、工地保管费、仓储损耗。

（5）检验试验费：是指对建筑材料、构件和建筑安装物进行一般鉴定、检查所发生的费用，包括自设试验室进行试验所耗用的材料和化学药品等费用；不包括新结构、新材料的试验费和建设单位对具有出厂合格证明的材料进行检验，对构件做破坏性试验及其他特殊要求检验试验的费用。

3. 施工机械使用费：是指施工机械作业所发生的机械使用费以及机械安拆费和场外运费。

施工机械台班单价应由下列七项费用组成：

（1）折旧费：指施工机械在规定的使用年限内，陆续收回其原值及购置资金的时间价值。

（2）大修理费：指施工机械按规定的大修理间隔台班进行必要的大修理，以恢复其正常功能所需的费用。

（3）经常修理费：指施工机械除大修理以外的各级保养和临时故障排除所需的费用，其中包括为保障机械正常运转所需替换设备与随机配备工具附具的摊销和维护费用，机械运转中日常保养所需润滑与擦拭的材料费用及机械停滞期间的维护和保养费用等。

（4）安拆费及场外运费：安拆费指施工机械在现场进行安装与拆卸所需的人工、材料、机械和试运转费用以及机械辅助设施的折旧、搭设、拆除等费用；场外运费指施工机械整体或分体自停放地点运至施工现场或由一施工地点运至另一施工地点的运输、装卸、辅助材料及架线等费用。

（5）人工费：指机上司机（司炉）和其他操作人员的工作日人工费及上述人员在施工机械规定的年工作台班以外的人工费。

（6）燃料动力费：指施工机械在运转作业中所消耗的固体燃料（煤、木柴）、液体燃料（汽油、柴油）及水、电等。

（7）养路费及车船使用税：指施工机械按照国家规定和有关部门规定应缴纳的养路费、车船使用税、保险费及年检费等。

（二）措施费：是指为完成工程项目施工，发生于该工程施工前和施工过程中非工程实体项目的费用，内容包括：

1. 环境保护费：是指施工现场为达到环保部门要求所需要的各项费用。

2. 文明施工费：是指施工现场文明施工所需要的各项费用。

3. 安全施工费：是指施工现场安全施工所需要的各项费用。

4. 临时设施费：是指施工企业为进行建筑工程施工所必须搭设的生活和生产用的临时建筑物、构筑物和其他临时设施费用等。

临时设施包括：临时宿舍、文化福利及公用事业房屋与构筑物，仓库、办公室、加工厂以及规定范围内道路、水、电、管线等临时设施和小型临时设施。

临时设施费用包括：临时设施的搭设、维修、拆除费或摊销费。

5. 夜间施工费：是指因夜间施工所发生的夜班补助费、夜间施工降效、夜间施工照明设备摊销及照明用电等费用。

6. 二次搬运费：是指因施工场地狭小等特殊情况而发生的二次搬运费用。

7. 大型机械设备进出场及安拆费：是指机械整体或分体自停放场地运至施工现场或由一个施工地点运至另一个施工地点所发生的机械进出场运输及转移费用，以及机械在施工现场进行安装、拆卸所需的人工费、材料费、机械费、试运转费和安装所需的辅助设施的费用。

8. 混凝土、钢筋混凝土模板及支架费：是指混凝土施工过程中需要的各种钢模板、木模板、支架等的支、拆、运输费用及模板、支架的摊销（或租赁）费用。

9. 脚手架费：是指施工需要的各种脚手架搭、拆、运输费用及脚手架的摊销（或租赁）费用。

10. 已完工程及设备保护费：是指竣工验收前，对已完工程及设备进行保护所需费用。

11. 施工排水、降水费：是指为确保工程在正常条件下施工，采取各种排水、降水措施所发生的各种费用。

二、间接费

间接费由规费、企业管理费组成。

（一）规费：是指政府和有关权力部门规定必须缴纳的费用（简称规费），内容包括：

1. 工程排污费：是指施工现场按规定缴纳的工程排污费。

2. 工程定额测定费：是指按规定支付工程造价（定额）管理部门的定额测定费。

3. 社会保障费：

（1）养老保险费：是指企业按规定标准为职工缴纳的基本养老保险费。

（2）失业保险费：是指企业按照国家规定标准为职工缴纳的失业保险费。

（3）医疗保险费：是指企业按照规定标准为职工缴纳的基本医疗保险费。

4. 住房公积金：是指企业按规定标准为职工缴纳的住房公积金。

5. 危险作业意外伤害保险：是指按照建筑法规定，企业为从事危险作业的建筑安装施工人员支付的意外伤害保险费。

（二）企业管理费：是指建筑安装企业组织施工生产和经营管理所需费用，内容包括：

1. 管理人员工资：是指管理人员的基本工资、工资性补贴、职工福利费、劳动保护费等。

2. 办公费：是指企业管理办公用的文具、纸张、账表、印刷、邮电、书报、会议、水电、烧水和集体取暖（包括现场临时宿舍取暖）用煤等费用。

3. 差旅交通费：是指职工因公出差、调动工作的差旅费、住勤补助费，市内交通费和误餐补助费，职工探亲路费，劳动力招募费，职工离退休、退职一次性路费，工伤人员就医路费，工地转移费以及管理部门使用的交通工具的油料、燃料、养路费及牌照费。

4. 固定资产使用费：是指管理和试验部门及附属生产单位使用的属于固定资产的房屋、设备仪器等的折旧、大修、维修或租赁费。

5. 工具用具使用费：是指管理使用的不属于固定资产的生产工具、器具、家具、交通工具和检验、试验、测绘、消防用具等的购置、维修和摊销费。

6. 劳动保险费：是指由企业支付离退休职工的易地安家补助费、职工退职金、六个月以上的病假人员工资、职工死亡丧葬补助费、抚恤费、按规定支付给离休干部的各项经费。

7. 工会经费：是指企业按职工工资总额计提的工会经费。

8. 职工教育经费：是指企业为职工学习先进技术和提高文化水平，按职工工资总额计提的费用。

9. 财产保险费：是指施工管理用财产、车辆保险。

10. 财务费：是指企业为筹集资金而发生的各种费用。

11. 税金：是指企业按规定缴纳的房产税、车船使用税、土地使用税、印花税等。

12. 其他：包括技术转让费、技术开发费、业务招待费、绿化费、广告费、公证费、法律顾问费、审计费、咨询费等。

三、利润

利润是指施工企业完成所承包工程获得的盈利。

四、税金

税金是指国家税法规定的应计入建筑安装工程造价内的营业税、城市维护建设税及教育费附加等。

附表

建筑安装工程费用项目组成表

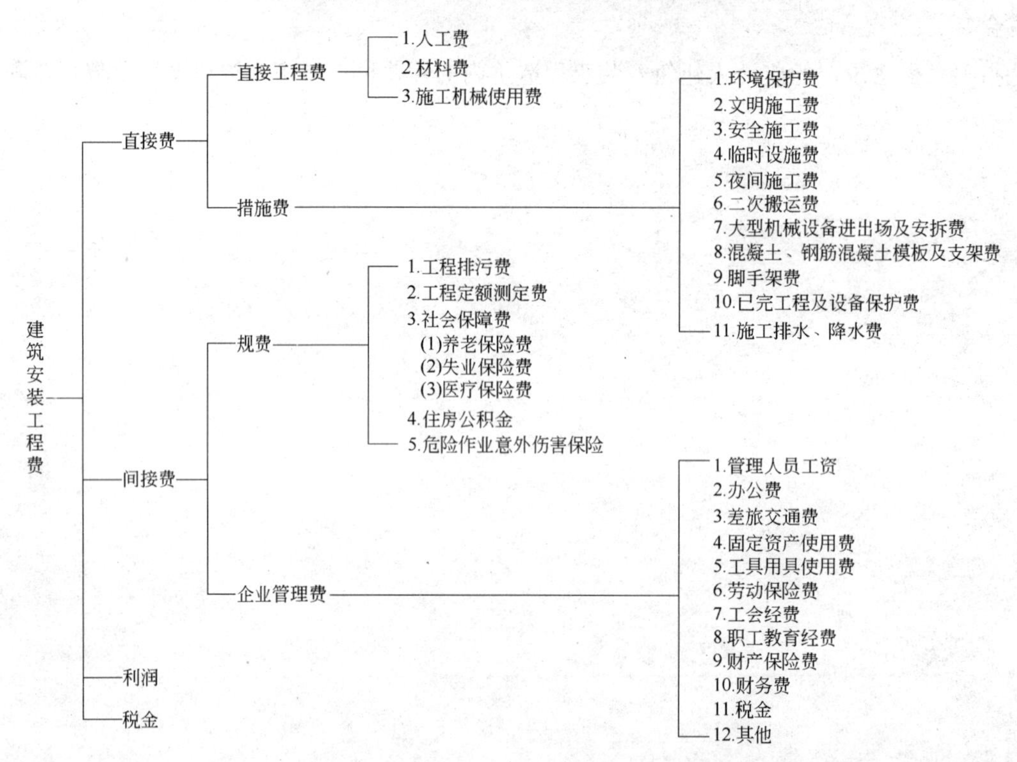

附件二：

建筑安装工程费用参考计算方法

各组成部分参考计算公式如下：

一、直接费

（一）直接工程费

$$直接工程费 = 人工费 + 材料费 + 施工机械使用费$$

1. 人工费：

$$人工费 = \Sigma(工日消耗量 \times 日工资单价)$$

$$日工资单价(G) = \Sigma_1^5 G$$

（1）基本工资：

$$基本工资(G_1) = \frac{生产工人平均月工资}{年平均每月法定工作日}$$

(2) 工资性补贴：

$$\text{工资性补贴}(G_2)=\frac{\sum\text{年发放标准}}{\text{全年日历日}-\text{法定假日}}+\frac{\sum\text{月发放标准}}{\text{年平均每月法定工作日}}+\text{每工作日发放标准}$$

(3) 生产工人辅助工资：

$$\text{生产工人辅助工资}(G_3)=\frac{\text{全年无效工作日}\times(G_1+G_2)}{\text{全年日历日}-\text{法定假日}}$$

(4) 职工福利费：

$$\text{职工福利费}(G_4)=(G_1+G_2+G_3)\times\text{福利费计提比例}(\%)$$

(5) 生产工人劳动保护费：

$$\text{生产工人劳动保护费}(G_5)=\frac{\text{生产工人年平均支出劳动保护费}}{\text{全年日历日}-\text{法定假日}}$$

2. 材料费：

$$\text{材料费}=\sum(\text{材料消耗量}\times\text{材料基价})+\text{检验试验费}$$

(1) 材料基价：

$$\text{材料基价}=[(\text{供应价格}+\text{运杂费})\times(1+\text{运输损耗率}(\%))]\times(1+\text{采购保管费率}(\%))$$

（2）检验试验费：

$$检验试验费 = \Sigma(单位材料量检验试验费 \times 材料消耗量)$$

3. 施工机械使用费：

$$施工机械使用费 = \Sigma(施工机械台班消耗量 \times 机械台班单价)$$

$$机械台班单价 = 台班折旧费 + 台班大修费 + 台班经常修理费 + 台班安拆费及场外运费 + 台班人工费 + 台班燃料动力费 + 台班养路费及车船使用税$$

（二）措施费

本规则中只列通用措施费项目的计算方法，各专业工程的专用措施费项目的计算方法由各地区或国务院有关专业主管部门的工程造价管理机构自行制定。

1. 环境保护费：

$$环境保护费 = 直接工程费 \times 环境保护费费率(\%)$$

$$环境保护费费率(\%) = \frac{本项费用年度平均支出}{全年建安产值 \times 直接工程费占总造价比例(\%)}$$

2. 文明施工费：

$$文明施工费=直接工程费\times 文明施工费费率(\%)$$

$$文明施工费费率(\%)=\frac{本项费用年度平均支出}{全年建安产值\times 直接工程费占总造价比例(\%)}$$

3. 安全施工费：

$$安全施工费=直接工程费\times 安全施工费费率(\%)$$

$$安全施工费费率(\%)=\frac{本项费用年度平均支出}{全年建安产值\times 直接工程费占总造价比例(\%)}$$

4. 临时设施费：临时设施费由以下三部分组成：

（1）周转使用临建（如活动房屋）；

（2）一次性使用临建（如简易建筑）；

（3）其他临时设施（如临时管线）。

$$临时设施费=(周转使用临建费+一次性使用临建费)\times (1+其他临时设施所占比例(\%))$$

其中：

（1）周转使用临建费：

$$周转使用临建费=\Sigma\left[\frac{临建面积\times 每平方米造价}{使用年限\times 365\times 利用率(\%)}\times 工期(天)\right]+一次性拆除费$$

（2）一次性使用临建费：

$$一次性使用临建费=\Sigma 临建面积\times 每平方米造价\times[1-残值率(\%)]+一次性拆除费$$

（3）其他临时设施在临时设施费中所占比例，可由各地区造价管理部门依据典型施工企业的成本资料经分析后综合测定。

5. 夜间施工增加费：

$$夜间施工增加费=\left(1-\frac{合同工期}{定额工期}\right)\times\frac{直接工程费中的人工费合计}{平均日工资单价}\times 每工日夜间施工费开支$$

6. 二次搬运费：

$$二次搬运费=直接工程费\times 二次搬运费费率(\%)$$

$$二次搬运费费率(\%)=\frac{年平均二次搬运费开支额}{全年建安产值\times 直接工程费占总造价的比例(\%)}$$

7. 大型机械进出场及安拆费：

$$大型机械进出场及安拆费=\frac{一次进出场及安拆费\times 年平均安拆次数}{年工作台班}$$

8. 混凝土、钢筋混凝土模板及支架费：

模板及支架费＝模板摊销量×模板价格＋支、拆、运输费

摊销量＝一次使用量×（1＋施工损耗）×［1＋（周转次数－1）×补损率／周转次数－（1－补损率）×50%／周转次数］

租赁费＝模板使用量×使用日期×租赁价格＋支、拆、运输费

9. 脚手架搭拆费：

脚手架搭拆费＝脚手架摊销量×脚手架价格＋搭、拆、运输费

$$脚手架摊销量=\frac{单位一次使用量\times(1-残值率)}{耐用期\div 一次使用期}$$

租赁费＝脚手架每日租金×搭设周期＋搭、拆、运输费

10. 已完工程及设备保护费：

已完工程及设备保护费＝成品保护所需机械费＋材料费＋人工费

11. 施工排水、降水费：

$$排水、降水费 = \sum 排水降水机械台班费 \times 排水降水周期 + 排水降水使用材料费、人工费$$

二、间接费

间接费的计算方法按取费基数的不同分为以下三种：

（1）以直接费为计算基础：

$$间接费 = 直接费合计 \times 间接费费率(\%)$$

（2）以人工费和机械费合计为计算基础：

$$间接费 = 人工费和机械费合计 \times 间接费费率(\%)$$

$$间接费费率(\%) = 规费费率(\%) + 企业管理费费率(\%)$$

（3）以人工费为计算基础：

$$间接费 = 人工费合计 \times 间接费费率(\%)$$

（一）规费费率

根据本地区典型工程发承包价的分析资料综合取定规费计算中所需数据：

（1）每万元发承包价中人工费含量和机械费含量；

（2）人工费占直接费的比例；

（3）每万元发承包价中所含规费缴纳标准的各项基数。

规费费率的计算公式：

（1）以直接费为计算基础：

$$\text{规费费率}(\%)=\frac{\sum \text{规费缴纳标准}\times\text{每万元发承包价计算基数}}{\text{每万元发承包价中的人工费含量}}\times\text{人工费占直接费的比例}(\%)$$

（2）以人工费和机械费合计为计算基础：

$$\text{规费费率}(\%)=\frac{\sum \text{规费缴纳标准}\times\text{每万元发承包价计算基数}}{\text{每万元发承包价中的人工费含量和机械费含量}}\times 100\%$$

（3）以人工费为计算基础：

$$\text{规费费率}(\%)=\frac{\sum \text{规费缴纳标准}\times\text{每万元发承包价计算基数}}{\text{每万元发承包价中的人工费含量}}\times 100\%$$

（二）企业管理费费率

企业管理费费率计算公式：

（1）以直接费为计算基础：

$$企业管理费费率(\%)=\frac{生产工人年平均管理费}{年有效施工天数\times人工单价}\times人工费占直接费比例(\%)$$

（2）以人工费和机械费合计为计算基础：

$$企业管理费费率(\%)=\frac{生产工人年平均管理费}{年有效施工天数\times(人工单价+每一工日机械使用费)}\times100\%$$

（3）以人工费为计算基础：

$$企业管理费费率(\%)=\frac{生产工人年平均管理费}{年有效施工天数\times人工单价}\times100\%$$

三、利润

利润计算公式，见附件三　建筑安装工程计价程序。

四、税金

税金计算公式为：

$$税金=(税前造价+利润)\times税率(\%)$$

税率计算公式为：

（1）纳税地点在市区的企业：

$$税率(\%) = \frac{1}{1-3\% - (3\% \times 7\%) - (3\% \times 3\%)} - 1$$

（2）纳税地点在县城、镇的企业：

$$税率(\%) = \frac{1}{1-3\% - (3\% \times 5\%) - (3\% \times 3\%)} - 1$$

（3）纳税地点不在市区、县城、镇的企业：

$$税率(\%) = \frac{1}{1-3\% - (3\% \times 1\%) - (3\% \times 3\%)} - 1$$

附件三：

建筑安装工程计价程序

根据建设部第107号部令《建筑工程施工发包与承包计价管理办法》的规定，发包与承包价的计算方法分为工料单价法和综合单价法，其程序如下。

一、工料单价法计价程序

工料单价法是以分部分项工程量乘以单价后的合计为直接工程费，直接工程费由人工、材料、机械的消耗量及其相应价格确定。直接工程费汇总后另加间接费、利润、税金生成工程发承包价，其计算程序分为三种：

（一）以直接费为计算基础：

序　号	费用项目	计算方法	备　注
（1）	直接工程费	按预算表	
（2）	措施费	按规定标准计算	
（3）	小计	（1）+（2）	
（4）	间接费	（3）×相应费率	
（5）	利润	（（3）+（4））×相应利润率	
（6）	合计	（3）+（4）+（5）	
（7）	含税造价	（6）×（1+相应税率）	

（二）以人工费和机械费合计为计算基础：

序　号	费用项目	计算方法	备　注
(1)	直接工程费	按预算表	
(2)	其中人工费和机械费	按预算表	
(3)	措施费	按规定标准计算	
(4)	其中人工费和机械费	按规定标准计算	
(5)	小计	(1) + (3)	
(6)	人工费和机械费小计	(2) + (4)	
(7)	间接费	(6) ×相应费率	
(8)	利润	(6) ×相应利润率	
(9)	合计	(5) + (7) + (8)	
(10)	含税造价	(9) × (1+相应税率)	

（三）以人工费为计算基础：

序　号	费用项目	计算方法	备　注
(1)	直接工程费	按预算表	
(2)	其中人工费	按预算表	
(3)	措施费	按规定标准计算	
(4)	其中人工费	按规定标准计算	
(5)	小计	(1) + (3)	
(6)	人工费小计	(2) + (4)	
(7)	间接费	(6) ×相应费率	
(8)	利润	(6) ×相应利润率	
(9)	合计	(5) + (7) + (8)	
(10)	含税造价	(9) × (1+相应税率)	

二、综合单价法计价程序

综合单价法是分部分项工程单价为全费用单价，全费用单价经综合计算后生成，其内容包括直接工程费、间接费、利润和税金（措施费也可按此方法生成全费用价格）。

各分项工程量乘以综合单价的合价汇总后，生成工程发承包价。

由于各分部分项工程中的人工、材料、机械含量的比例不同，各分项工程可根据其材料费占人工费、材料费、机械费合计的比例（以字母“C”代表该项比值）在以下三种计算程序中选择一种计算其综合单价。

（一）当 $C>C_0$（C_0 为本地区原费用定额测算所选典型工程材料费占人工费、材料费和机械费合计的比例）时，可采用以人工费、材料费、机械费合计为基数计算该分项的间接费和利润。

以直接费为计算基础：

序　号	费用项目	计算方法	备　注
(1)	分项直接工程费	人工费＋材料费＋机械费	
(2)	间接费	(1) ×相应费率	
(3)	利润	((1) + (2)) ×相应利润率	
(4)	合计	(1) + (2) + (3)	
(5)	含税造价	(4) × (1＋相应税率)	

（二）当 $C < C_0$ 值的下限时，可采用以人工费和机械费合计为基数计算该分项的间接费和利润。

以人工费和机械费为计算基础：

序 号	费 用 项 目	计 算 方 法	备 注
(1)	分项直接工程费	人工费 + 材料费 + 机械费	
(2)	其中人工费和机械费	人工费 + 机械费	
(3)	间接费	（2）×相应费率	
(4)	利润	（2）×相应利润率	
(5)	合计	（1）+（3）+（4）	
(6)	含税造价	（5）×（1 + 相应税率）	

（三）如该分项的直接费仅为人工费，无材料费和机械费时，可采用以人工费为基数计算该分项的间接费和利润。

以人工费为计算基础：

序　号	费用项目	计算方法	备　注
(1)	分项直接工程费	人工费 + 材料费 + 机械费	
(2)	直接工程费中人工费	人工费	
(3)	间接费	(2) ×相应费率	
(4)	利润	(2) ×相应利润率	
(5)	合计	(1) + (3) + (4)	
(6)	含税造价	(5) × (1 + 相应税率)	

住房和城乡建设部关于发布国家标准《建筑工程工程量清单计价规范》(GB 50500—2008)的公告

第63号

现批准《建设工程工程量清单计价规范》为国家标准，编号为GB 50500—2008，自2008年12月1日起实施。其中第1.0.3、3.1.2、3.2.1、3.2.2、3.2.3、3.2.4、3.2.5、3.2.6、3.2.7、4.1.2、4.1.3、4.1.5、4.1.8、4.3.2、4.8.1条为强制性条文，必须严格执行。原《建设工程工程量清单计价规范》GB 50500—2003同时废止。

本规范由我部标准定额研究所组织、中国计划出版社出版发行。

中华人民共和国住房和城乡建设部

二〇〇八年七月九日

建设部关于印发《建筑工程安全防护、文明施工措施费用及使用管理规定》的通知

建办［2005］89号

各省、自治区建设厅，直辖市建委，江苏省、山东省建管局，新疆生产建设兵团建设局：

现将《建筑工程安全防护、文明施工措施费用及使用管理规定》印发给你们，请结合本地区实际，认真贯彻执行。贯彻执行中的有关问题和情况及时反馈建设部。

附件：建筑工程安全防护、文明施工措施费用及使用管理规定

中华人民共和国建设部

二〇〇五年六月七日

附件：

建筑工程安全防护、文明施工措施费用及使用管理规定

第一条 为加强建筑工程安全生产、文明施工管理，保障施工从业人员的作业条件和生活环境，防止施工安全事故发生，根据《中华人民共和国安全生产法》、《中华人民共和国建筑法》、《建设工程安全生产管理条例》、《安全生产许可证条例》等法律法规，制定本规定。

第二条 本规定适用于各类新建、扩建、改建的房屋建筑工程（包括与其配套的线路管道和设备安装工程、装饰工程）、市政基础设施工程和拆除工程。

第三条 本规定所称安全防护、文明施工措施费用，是指按照国家现行的建筑施工安全、施工现场环境与卫生标准和有关规定，购置和更新施工安全防护用具及设施、改善安全生产条件和作业环境所需要的费用。安全防护、文明施工措施项目清单详见附表。

建设单位对建筑工程安全防护、文明施工措施有其他要求的，所发生费用一并计入安全防护、文明施工措施费。

第四条 建筑工程安全防护、文明施工措施费用由《建筑安装工程费用项目组成》（建标［2003］206 号）中措施费所含的文明施工费、环境保护费、临时设施费、安全施工费组成。

其中安全施工费由临边、洞口、交叉、高处作业安全防护费，危险性较大工程安全措施费及其他费用组

成。危险性较大工程安全措施费及其他费用项目组成由各地建设行政主管部门结合本地区实际自行确定。

第五条 建设单位、设计单位在编制工程概（预）算时，应当依据工程所在地工程造价管理机构测定的相应费率，合理确定工程安全防护、文明施工措施费。

第六条 依法进行工程招投标的项目，招标方或具有资质的中介机构编制招标文件时，应当按照有关规定并结合工程实际单独列出安全防护、文明施工措施项目清单。

投标方应当根据现行标准规范，结合工程特点、工期进度和作业环境要求，在施工组织设计文件中制定相应的安全防护、文明施工措施，并按照招标文件要求结合自身的施工技术水平、管理水平对工程安全防护、文明施工措施项目单独报价。投标方安全防护、文明施工措施的报价，不得低于依据工程所在地工程造价管理机构测定费率计算所需费用总额的90%。

第七条 建设单位与施工单位应当在施工合同中明确安全防护、文明施工措施项目总费用，以及费用预付、支付计划，使用要求、调整方式等条款。

建设单位与施工单位在施工合同中对安全防护、文明施工措施费用预付、支付计划未作约定或约定不明的，合同工期在一年以内的，建设单位预付安全防护、文明施工措施项目费用不得低于该费用总额的50%；合同工期在一年以上的（含一年），预付安全防护、文明施工措施费用不得低于该费用总额的30%，其余费用应当按照施工进度支付。

实行工程总承包的，总承包单位依法将建筑工程分包给其他单位的，总承包单位与分包单位应当在分包合同中明确安全防护、文明施工措施费用由总承包单位统一管理。安全防护、文明施工措施由分包单位实施的，由分包单位提出专项安全防护措施及施工方案，经总承包单位批准后及时支付所需费用。

第八条 建设单位申请领取建筑工程施工许可证时，应当将施工合同中约定的安全防护、文明施工措施费用支付计划作为保证工程安全的具体措施提交建设行政主管部门。未提交的，建设行政主管部门不予核发施工许可证。

第九条 建设单位应当按照本规定及合同约定及时向施工单位支付安全防护、文明施工措施费，并督促施工企业落实安全防护、文明施工措施。

第十条 工程监理单位应当对施工单位落实安全防护、文明施工措施情况进行现场监理。对施工单位已经落实的安全防护、文明施工措施，总监理工程师或者造价工程师应当及时审查并签认所发生的费用。监理单位发现施工单位未落实施工组织设计及专项施工方案中安全防护和文明施工措施的，有权责令其立即整改；对施工单位拒不整改或未按期限要求完成整改的，工程监理单位应当及时向建设单位和建设行政主管部门报告，必要时责令其暂停施工。

第十一条 施工单位应当确保安全防护、文明施工措施费专款专用，在财务管理中单独列出安全防护、文明施工措施项目费用清单备查。施工单位安全生产管理机构和专职安全生产管理人员负责对建筑工程安全防护、文明施工措施的组织实施进行现场监督检查，并有权向建设主管部门反映情况。

工程总承包单位对建筑工程安全防护、文明施工措施费用的使用负总责。总承包单位应当按照本规定及合同约定及时向分包单位支付安全防护、文明施工措施费用。总承包单位不按本规定和合同约定支付费用，造成分包单位不能及时落实安全防护措施导致发生事故的，由总承包单位负主要责任。

第十二条 建设行政主管部门应当按照现行标准规范对施工现场安全防护、文明施工措施落实情况进行监督检查，并对建设单位支付及施工单位使用安全防护、文明施工措施费用情况进行监督。

第十三条 建设单位未按本规定支付安全防护、文明施工措施费用的，由县级以上建设行政主管部门依据《建设工程安全生产管理条例》第五十四条规定，责令限期整改；逾期未改正的，责令该建设工程停止施工。

第十四条 施工单位挪用安全防护、文明施工措施费用的，由县级以上建设主管部门依据《建设工程安全生产管理条例》第六十三条规定，责令限期整改，处挪用费用20%以上50%以下的罚款；造成损失的，依法承担赔偿责任。

第十五条 建设行政主管部门的工作人员有下列行为之一的，由其所在单位或者上级主管机关给予行政处分；构成犯罪的，依照刑法有关规定追究刑事责任：

（一）对没有提交安全防护、文明施工措施费用支付计划的工程颁发施工许可证的；

（二）发现违法行为不予查处的；

（三）不依法履行监督管理职责的其他行为。

第十六条 建筑工程以外的工程项目安全防护、文明施工措施费用及使用管理可以参照本规定执行。

第十七条 各地可依照本规定，结合本地区实际制定实施细则。

第十八条 本规定由国务院建设行政主管部门负责解释。

第十九条 本规定自2005年9月1日起施行。

附表：

建设工程安全防护、文明施工措施项目清单

类　别	项目名称	具 体 要 求
文明施工与环境保护	安全警示标志牌	在易发伤亡事故（或危险）处设置明显的、符合国家标准要求的安全警示标志牌
	现场围挡	（1）现场采用封闭围挡，高度不小于1.8m； （2）围挡材料可采用彩色、定型钢板，砖、混凝土砌块等墙体
	五板一图	在进门处悬挂工程概况、管理人员名单及监督电话、安全生产、文明施工、消防保卫五板；施工现场总平面图
	企业标志	现场出入的大门应设有本企业标识
	场容场貌	（1）道路畅通； （2）排水沟、排水设施通畅； （3）工地地面硬化处理； （4）绿化
	材料堆放	（1）材料、构件、料具等堆放时，悬挂有名称、品种、规格等标牌； （2）水泥和其他易飞扬细颗粒建筑材料应密闭存放或采取覆盖等措施； （3）易燃、易爆和有毒有害物品分类存放
	现场防火	消防器材配置合理，符合消防要求
	垃圾清运	施工现场应设置密闭式垃圾站，施工垃圾、生活垃圾应分类存放。施工垃圾必须采用相应容器或管道运输

续表

类　别	项目名称		具 体 要 求
临时设施	现场办公生活设施		（1）施工现场办公、生活区与作业区分开设置，保持安全距离； （2）工地办公室、现场宿舍、食堂、厕所、饮水、休息场所符合卫生和安全要求
	施工现场临时用电	配电线路	（1）按照 TN-S 系统要求配备五芯电缆、四芯电缆和三芯电缆； （2）按要求架设临时用电线路的电杆、横担、瓷夹、瓷瓶等，或电缆埋地的地沟； （3）对靠近施工现场的外电线路，设置木质、塑料等绝缘体的防护设施
		配电箱开关箱	（1）按三级配电要求，配备总配电箱、分配电箱、开关箱三类标准电箱，开关箱应符合一机、一箱、一闸、一漏，三类电箱中的各类电器应是合格品； （2）按两级保护的要求，选取符合容量要求和质量合格的总配电箱和开关箱中的漏电保护器
		接地保护装置	施工现场保护零线的重复接地应不少于三处

续表

类　别	项目名称		具 体 要 求
安全施工	临边洞口交叉高处作业防护	楼板、屋面、阳台等临边防护	用密目式安全立网全封闭，作业层另加两边防护栏杆和18cm高的踢脚板
		通道口防护	设防护棚，防护棚应为不小于5cm厚的木板或两道相距50cm的竹笆。两侧应沿栏杆架用密目式安全网封闭
		预留洞口防护	用木板全封闭；短边超过1.5m长的洞口，除封闭外四周还应设有防护栏杆
		电梯井口防护	设置定型化、工具化、标准化的防护门；在电梯井内每隔两层（不大于10m）设置一道安全平网
		楼梯边防护	设1.2m高的定型化、工具化、标准化的防护栏杆，18cm高的踢脚板
		垂直方向交叉作业防护	设置防护隔离棚或其他设施
		高空作业防护	有悬挂安全带的悬索或其他设施；有操作平台；有上下的梯子或其他形式的通道
其他（由各地自定）			

注：本表所列建筑工程安全防护、文明施工措施项目，是依据现行法律法规及标准规范确定的。如修订法律法规和标准规范，本表所列项目应按照修订后的法律法规和标准规范进行调整。

财政部、国家安全生产监督管理总局关于印发《企业安全生产费用提取和使用管理办法》的通知

财企［2012］16号

各省、自治区、直辖市、计划单列市财政厅（局）、安全生产监督管理局，新疆生产建设兵团财务局、安全生产监督管理局，有关中央管理企业：

为了建立企业安全生产投入长效机制，加强安全生产费用管理，保障企业安全生产资金投入，维护企业、职工以及社会公共利益，根据《中华人民共和国安全生产法》等有关法律法规和国务院有关决定，财政部、国家安全生产监督管理总局联合制定了《企业安全生产费用提取和使用管理办法》。现印发给你们，请遵照执行。

附件：企业安全生产费用提取和使用管理办法

财政部　国家安全生产监督管理总局

二〇一二年二月十四日

附件：

企业安全生产费用提取和使用管理办法

第一章　总　　则

第一条　为了建立企业安全生产投入长效机制，加强安全生产费用管理，保障企业安全生产资金投入，维护企业、职工以及社会公共利益，依据《中华人民共和国安全生产法》等有关法律法规和《国务院关于加强安全生产工作的决定》（国发［2004］2号）和《国务院关于进一步加强企业安全生产工作的通知》（国发［2010］23号），制定本办法。

第二条　在中华人民共和国境内直接从事煤炭生产、非煤矿山开采、建设工程施工、危险品生产与储存、交通运输、烟花爆竹生产、冶金、机械制造、武器装备研制生产与试验（含民用航空及核燃料）的企业以及其他经济组织（以下简称企业）适用本办法。

第三条　本办法所称安全生产费用（以下简称安全费用）是指企业按照规定标准提取在成本中列支，专门用于完善和改进企业或者项目安全生产条件的资金。

安全费用按照“企业提取、政府监管、确保需要、规范使用”的原则进行管理。

第四条　本办法下列用语的含义是：

煤炭生产是指煤炭资源开采作业有关活动。

非煤矿山开采是指石油和天然气、煤层气（地面开采）、金属矿、非金属矿及其他矿产资源的勘探作业和生产、选矿、闭坑及尾矿库运行、闭库等有关活动。

建设工程是指土木工程、建筑工程、井巷工程、线路管道和设备安装及装修工程的新建、扩建、改建以及矿山建设。

危险品是指列入国家标准《危险货物品名表》（GB 12268）和《危险化学品目录》的物品。

烟花爆竹是指烟花爆竹制品和用于生产烟花爆竹的民用黑火药、烟火药、引火线等物品。

交通运输包括道路运输、水路运输、铁路运输、管道运输。道路运输是指以机动车为交通工具的旅客和货物运输；水路运输是指以运输船舶为工具的旅客和货物运输及港口装卸、堆存；铁路运输是指以火车为工具的旅客和货物运输（包括高铁和城际铁路）；管道运输是指以管道为工具的液体和气体物资运输。

冶金是指金属矿物的冶炼以及压延加工有关活动，包括：黑色金属、有色金属、黄金等的冶炼生产和加工处理活动，以及炭素、耐火材料等与主工艺流程配套的辅助工艺环节的生产。

机械制造是指各种动力机械、冶金矿山机械、运输机械、农业机械、工具、仪器、仪表、特种设备、大中型船舶、石油炼化装备及其他机械设备的制造活动。

武器装备研制生产与试验，包括武器装备和弹药的科研、生产、试验、储运、销毁、维修保障等。

第二章　安全费用的提取标准

第五条　煤炭生产企业依据开采的原煤产量按月提取。各类煤矿原煤单位产量安全费用提取标准如下：

（一）煤（岩）与瓦斯（二氧化碳）突出矿井、高瓦斯矿井吨煤 30 元；

（二）其他井工矿吨煤 15 元；

（三）露天矿吨煤 5 元。

矿井瓦斯等级划分按现行《煤矿安全规程》和《矿井瓦斯等级鉴定规范》的规定执行。

第六条　非煤矿山开采企业依据开采的原矿产量按月提取。各类矿山原矿单位产量安全费用提取标准如下：

（一）石油，每吨原油 17 元；

（二）天然气、煤层气（地面开采），每千立方米原气 5 元；

（三）金属矿山，其中露天矿山每吨 5 元，地下矿山每吨 10 元；

（四）核工业矿山，每吨 25 元；

（五）非金属矿山，其中露天矿山每吨 2 元，地下矿山每吨 4 元；

（六）小型露天采石场，即年采剥总量 50 万吨以下，且最大开采高度不超过 50 米，产品用于建筑、铺路的山坡型露天采石场，每吨 1 元；

（七）尾矿库按入库尾矿量计算，三等及三等以上尾矿库每吨 1 元，四等及五等尾矿库每吨 1.5 元。

本办法下发之日以前已经实施闭库的尾矿库，按照已堆存尾砂的有效库容大小提取，库容 100 万立方米以下的，每年提取 5 万元；超过 100 万立方米的，每增加 100 万立方米增加 3 万元，但每年提取额最高不超过 30 万元。

原矿产量不含金属、非金属矿山尾矿库和废石场中用于综合利用的尾砂和低品位矿石。

地质勘探单位安全费用按地质勘查项目或者工程总费用的 2% 提取。

第七条 建设工程施工企业以建筑安装工程造价为计提依据。各建设工程类别安全费用提取标准如下：

（一）矿山工程为 2.5%；

（二）房屋建筑工程、水利水电工程、电力工程、铁路工程、城市轨道交通工程为 2.0%；

（三）市政公用工程、冶炼工程、机电安装工程、化工石油工程、港口与航道工程、公路工程、通信工程为 1.5%。

建设工程施工企业提取的安全费用列入工程造价，在竞标时，不得删减，列入标外管理。国家对基本建设投资概算另有规定的，从其规定。

总包单位应当将安全费用按比例直接支付分包单位并监督使用，分包单位不再重复提取。

第八条 危险品生产与储存企业以上年度实际营业收入为计提依据，采取超额累退方式按照以下标准平均逐月提取：

（一）营业收入不超过1000万元的，按照4%提取；

（二）营业收入超过1000万元至1亿元的部分，按照2%提取；

（三）营业收入超过1亿元至10亿元的部分，按照0.5%提取；

（四）营业收入超过10亿元的部分，按照0.2%提取。

第九条 交通运输企业以上年度实际营业收入为计提依据，按照以下标准平均逐月提取：

（一）普通货运业务按照1%提取；

（二）客运业务、管道运输、危险品等特殊货运业务按照1.5%提取。

第十条 冶金企业以上年度实际营业收入为计提依据，采取超额累退方式按照以下标准平均逐月提取：

（一）营业收入不超过1000万元的，按照3%提取；

（二）营业收入超过1000万元至1亿元的部分，按照1.5%提取；

（三）营业收入超过1亿元至10亿元的部分，按照0.5%提取；

（四）营业收入超过10亿元至50亿元的部分，按照0.2%提取；

（五）营业收入超过50亿元至100亿元的部分，按照0.1%提取；

（六）营业收入超过100亿元的部分，按照0.05%提取。

第十一条 机械制造企业以上年度实际营业收入为计提依据，采取超额累退方式按照以下标准平均逐月提取：

（一）营业收入不超过1000万元的，按照2%提取；

（二）营业收入超过1000万元至1亿元的部分，按照1%提取；

（三）营业收入超过1亿元至10亿元的部分，按照0.2%提取；

（四）营业收入超过10亿元至50亿元的部分，按照0.1%提取；

（五）营业收入超过50亿元的部分，按照0.05%提取。

第十二条 烟花爆竹生产企业以上年度实际营业收入为计提依据，采取超额累退方式按照以下标准平均逐月提取：

（一）营业收入不超过200万元的，按照3.5%提取；

（二）营业收入超过200万元至500万元的部分，按照3%提取；

（三）营业收入超过500万元至1000万元的部分，按照2.5%提取；

（四）营业收入超过1000万元的部分，按照2%提取。

第十三条 武器装备研制生产与试验企业以上年度军品实际营业收入为计提依据，采取超额累退方式按照以下标准平均逐月提取：

（一）火炸药及其制品研制、生产与试验企业（包括：含能材料，炸药、火药、推进剂，发动机，弹箭，引信、火工品等）：

1. 营业收入不超过1000万元的，按照5%提取；

2. 营业收入超过1000万元至1亿元的部分，按照3%提取；

3. 营业收入超过1亿元至10亿元的部分，按照1%提取；

4. 营业收入超过10亿元的部分，按照0.5%提取。

（二）核装备及核燃料研制、生产与试验企业：

1. 营业收入不超过1000万元的，按照3%提取；

2. 营业收入超过1000万元至1亿元的部分，按照2%提取；

3. 营业收入超过1亿元至10亿元的部分，按照0.5%提取；

4. 营业收入超过10亿元的部分，按照0.2%提取；

5. 核工程按照3%提取（以工程造价为计提依据，在竞标时，列为标外管理）。

（三）军用舰船（含修理）研制、生产与试验企业：

1. 营业收入不超过1000万元的，按照2.5%提取；

2. 营业收入超过1000万元至1亿元的部分，按照1.75%提取；

3. 营业收入超过1亿元至10亿元的部分，按照0.8%提取；

4. 营业收入超过10亿元的部分，按照0.4%提取。

（四）飞船、卫星、军用飞机、坦克车辆、火炮、轻武器、大型天线等产品的总体、部分和元器件研制、生产与试验企业：

1. 营业收入不超过1000万元的，按照2%提取；

2. 营业收入超过1000万元至1亿元的部分，按照1.5%提取；

3. 营业收入超过1亿元至10亿元的部分，按照0.5%提取；

4. 营业收入超过10亿元至100亿元的部分，按照0.2%提取；

5. 营业收入超过100亿元的部分，按照0.1%提取。

（五）其他军用危险品研制、生产与试验企业：

1. 营业收入不超过1000万元的，按照4%提取；

2. 营业收入超过1000万元至1亿元的部分，按照2%提取；

3. 营业收入超过1亿元至10亿元的部分，按照0.5%提取；

4. 营业收入超过10亿元的部分，按照0.2%提取。

第十四条 中小微型企业和大型企业上年末安全费用结余分别达到本企业上年度营业收入的5%和1.5%时，经当地县级以上安全生产监督管理部门、煤矿安全监察机构商财政部门同意，企业本年度可以缓提或者少提安全费用。

企业规模划分标准按照工业和信息化部、国家统计局、国家发展和改革委员会、财政部《关于印发中小企业划型标准规定的通知》（工信部联企业［2011］300号）规定执行。

第十五条 企业在上述标准的基础上，根据安全生产实际需要，可适当提高安全费用提取标准。

本办法公布前，各省级政府已制定下发企业安全费用提取使用办法的，其提取标准如果低于本办法规定的标准，应当按照本办法进行调整；如果高于本办法规定的标准，按照原标准执行。

第十六条 新建企业和投产不足一年的企业以当年实际营业收入为提取依据，按月计提安全费用。

混业经营企业，如能按业务类别分别核算的，则以各业务营业收入为计提依据，按上述标准分别提取安全费用；如不能分别核算的，则以全部业务收入为计提依据，按主营业务计提标准提取安全费用。

第三章　安全费用的使用

第十七条　煤炭生产企业安全费用应当按照以下范围使用：

（一）煤与瓦斯突出及高瓦斯矿井落实“两个四位一体”综合防突措施支出，包括瓦斯区域预抽、保护层开采区域防突措施、开展突出区域和局部预测、实施局部补充防突措施、更新改造防突设备和设施、建立突出防治实验室等支出；

（二）煤矿安全生产改造和重大隐患治理支出，包括“一通三防”（通风，防瓦斯、防煤尘、防灭火）、防治水、供电、运输等系统设备改造和灾害治理工程，实施煤矿机械化改造，实施矿压（冲击地压）、热害、露天矿边坡治理、采空区治理等支出；

（三）完善煤矿井下监测监控、人员定位、紧急避险、压风自救、供水施救和通信联络安全避险“六大系统”支出，应急救援技术装备、设施配置和维护保养支出，事故逃生和紧急避难设施设备的配置和应急演练支出；

（四）开展重大危险源和事故隐患评估、监控和整改支出；

（五）安全生产检查、评价（不包括新建、改建、扩建项目安全评价）、咨询、标准化建设支出；

（六）配备和更新现场作业人员安全防护用品支出；

（七）安全生产宣传、教育、培训支出；

（八）安全生产适用新技术、新标准、新工艺、新装备的推广应用支出；

（九）安全设施及特种设备检测检验支出；

（十）其他与安全生产直接相关的支出。

第十八条 非煤矿山开采企业安全费用应当按照以下范围使用：

（一）完善、改造和维护安全防护设施设备（不含“三同时”要求初期投入的安全设施）和重大安全隐患治理支出，包括矿山综合防尘、防灭火、防治水、危险气体监测、通风系统、支护及防治边帮滑坡设备、机电设备、供配电系统、运输（提升）系统和尾矿库等完善、改造和维护支出以及实施地压监测监控、露天矿边坡治理、采空区治理等支出；

（二）完善非煤矿山监测监控、人员定位、紧急避险、压风自救、供水施救和通信联络等安全避险“六大系统”支出，完善尾矿库全过程在线监控系统和海上石油开采出海人员动态跟踪系统支出，应急救援技术装备、设施配置及维护保养支出，事故逃生和紧急避难设施设备的配置和应急演练支出；

（三）开展重大危险源和事故隐患评估、监控和整改支出；

（四）安全生产检查、评价（不包括新建、改建、扩建项目安全评价）、咨询、标准化建设支出；

（五）配备和更新现场作业人员安全防护用品支出；

（六）安全生产宣传、教育、培训支出；

（七）安全生产适用的新技术、新标准、新工艺、新装备的推广应用支出；

（八）安全设施及特种设备检测检验支出；

（九）尾矿库闭库及闭库后维护费用支出；

（十）地质勘探单位野外应急食品、应急器械、应急药品支出；

（十一）其他与安全生产直接相关的支出。

第十九条　建设工程施工企业安全费用应当按照以下范围使用：

（一）完善、改造和维护安全防护设施设备支出（不含“三同时”要求初期投入的安全设施），包括施工现场临时用电系统、洞口、临边、机械设备、高处作业防护、交叉作业防护、防火、防爆、防尘、防毒、防雷、防台风、防地质灾害、地下工程有害气体监测、通风、临时安全防护等设施设备支出；

（二）配备、维护、保养应急救援器材、设备支出和应急演练支出；

（三）开展重大危险源和事故隐患评估、监控和整改支出；

（四）安全生产检查、评价（不包括新建、改建、扩建项目安全评价）、咨询和标准化建设支出；

（五）配备和更新现场作业人员安全防护用品支出；

（六）安全生产宣传、教育、培训支出；

（七）安全生产适用的新技术、新标准、新工艺、新装备的推广应用支出；

（八）安全设施及特种设备检测检验支出；

（九）其他与安全生产直接相关的支出。

第二十条　危险品生产与储存企业安全费用应当按照以下范围使用：

（一）完善、改造和维护安全防护设施设备支出（不含“三同时”要求初期投入的安全设施），包括车间、库房、罐区等作业场所的监控、监测、通风、防晒、调温、防火、灭火、防爆、泄压、防毒、消毒、中和、防潮、防雷、防静电、防腐、防渗漏、防护围堤或者隔离操作等设施设备支出；

（二）配备、维护、保养应急救援器材、设备支出和应急演练支出；

（三）开展重大危险源和事故隐患评估、监控和整改支出；

（四）安全生产检查、评价（不包括新建、改建、扩建项目安全评价）、咨询和标准化建设支出；

（五）配备和更新现场作业人员安全防护用品支出；

（六）安全生产宣传、教育、培训支出；

（七）安全生产适用的新技术、新标准、新工艺、新装备的推广应用支出；

（八）安全设施及特种设备检测检验支出；

（九）其他与安全生产直接相关的支出。

第二十一条　交通运输企业安全费用应当按照以下范围使用：

（一）完善、改造和维护安全防护设施设备支出（不含“三同时”要求初期投入的安全设施），包括道路、水路、铁路、管道运输设施设备和装卸工具安全状况检测及维护系统、运输设施设备和装卸工具附属安全设备等支出；

（二）购置、安装和使用具有行驶记录功能的车辆卫星定位装置、船舶通信导航定位和自动识别系统、电子海图等支出；

（三）配备、维护、保养应急救援器材、设备支出和应急演练支出；

（四）开展重大危险源和事故隐患评估、监控和整改支出；

（五）安全生产检查、评价（不包括新建、改建、扩建项目安全评价）、咨询和标准化建设支出；

（六）配备和更新现场作业人员安全防护用品支出；

（七）安全生产宣传、教育、培训支出；

（八）安全生产适用的新技术、新标准、新工艺、新装备的推广应用支出；

（九）安全设施及特种设备检测检验支出；

（十）其他与安全生产直接相关的支出。

第二十二条 冶金企业安全费用应当按照以下范围使用：

（一）完善、改造和维护安全防护设施设备支出（不含“三同时”要求初期投入的安全设施），包括车间、站、库房等作业场所的监控、监测、防火、防爆、防坠落、防尘、防毒、防噪声与振动、防辐射和隔离操作等设施设备支出；

（二）配备、维护、保养应急救援器材、设备支出和应急演练支出；

（三）开展重大危险源和事故隐患评估、监控和整改支出；

（四）安全生产检查、评价（不包括新建、改建、扩建项目安全评价）和咨询及标准化建设支出；

（五）安全生产宣传、教育、培训支出；

（六）配备和更新现场作业人员安全防护用品支出；

（七）安全生产适用的新技术、新标准、新工艺、新装备的推广应用支出；

（八）安全设施及特种设备检测检验支出；

（九）其他与安全生产直接相关的支出。

第二十三条 机械制造企业安全费用应当按照以下范围使用：

（一）完善、改造和维护安全防护设施设备支出（不含“三同时”要求初期投入的安全设施），包括生产作业场所的防火、防爆、防坠落、防毒、防静电、防腐、防尘、防噪声与振动、防辐射或者隔离操作等设施设备支出，大型起重机械安装安全监控管理系统支出；

（二）配备、维护、保养应急救援器材、设备支出和应急演练支出；

（三）开展重大危险源和事故隐患评估、监控和整改支出；

（四）安全生产检查、评价（不包括新建、改建、扩建项目安全评价）、咨询和标准化建设支出；

（五）安全生产宣传、教育、培训支出；

（六）配备和更新现场作业人员安全防护用品支出；

（七）安全生产适用的新技术、新标准、新工艺、新装备的推广应用；

（八）安全设施及特种设备检测检验支出；

（九）其他与安全生产直接相关的支出。

第二十四条 烟花爆竹生产企业安全费用应当按照以下范围使用：

（一）完善、改造和维护安全设备设施支出（不含“三同时”要求初期投入的安全设施）；

（二）配备、维护、保养防爆机械电器设备支出；

（三）配备、维护、保养应急救援器材、设备支出和应急演练支出；

（四）开展重大危险源和事故隐患评估、监控和整改支出；

（五）安全生产检查、评价（不包括新建、改建、扩建项目安全评价）、咨询和标准化建设支出；

（六）安全生产宣传、教育、培训支出；

（七）配备和更新现场作业人员安全防护用品支出；

（八）安全生产适用新技术、新标准、新工艺、新装备的推广应用支出；

（九）安全设施及特种设备检测检验支出；

（十）其他与安全生产直接相关的支出。

第二十五条 武器装备研制生产与试验企业安全费用应当按照以下范围使用：

（一）完善、改造和维护安全防护设施设备支出（不含"三同时"要求初期投入的安全设施），包括研究室、车间、库房、储罐区、外场试验区等作业场所的监控、监测、防触电、防坠落、防爆、泄压、防火、灭火、通风、防晒、调温、防毒、防雷、防静电、防腐、防尘、防噪声与振动、防辐射、防护围堤或者隔离操作等设施设备支出；

（二）配备、维护、保养应急救援、应急处置、特种个人防护器材、设备、设施支出和应急演练支出；

（三）开展重大危险源和事故隐患评估、监控和整改支出；

（四）高新技术和特种专用设备安全鉴定评估、安全性能检验检测及操作人员上岗培训支出；

（五）安全生产检查、评价（不包括新建、改建、扩建项目安全评价）、咨询和标准化建设支出；

（六）安全生产宣传、教育、培训支出；

（七）军工核设施（含核废物）防泄漏、防辐射的设施设备支出；

（八）军工危险化学品、放射性物品及武器装备科研、试验、生产、储运、销毁、维修保障过程中的安全技术措施改造费和安全防护（不包括工作服）费用支出；

（九）大型复杂武器装备制造、安装、调试的特殊工种和特种作业人员培训支出；

（十）武器装备大型试验安全专项论证与安全防护费用支出；

（十一）特殊军工电子元器件制造过程中有毒有害物质监测及特种防护支出；

（十二）安全生产适用新技术、新标准、新工艺、新装备的推广应用支出；

（十三）其他与武器装备安全生产事项直接相关的支出。

第二十六条　在本办法规定的使用范围内，企业应当将安全费用优先用于满足安全生产监督管理部门、煤矿安全监察机构以及行业主管部门对企业安全生产提出的整改措施或者达到安全生产标准所需的支出。

第二十七条　企业提取的安全费用应当专户核算，按规定范围安排使用，不得挤占、挪用。年度结余资金结转下年度使用，当年计提安全费用不足的，超出部分按正常成本费用渠道列支。

主要承担安全管理责任的集团公司经过履行内部决策程序，可以对所属企业提取的安全费用按照一定比例集中管理，统筹使用。

第二十八条 煤炭生产企业和非煤矿山企业已提取维持简单再生产费用的，应当继续提取维持简单再生产费用，但其使用范围不再包含安全生产方面的用途。

第二十九条 矿山企业转产、停产、停业或者解散的，应当将安全费用结余转入矿山闭坑安全保障基金，用于矿山闭坑、尾矿库闭库后可能的危害治理和损失赔偿。

危险品生产与储存企业转产、停产、停业或者解散的，应当将安全费用结余用于处理转产、停产、停业或者解散前的危险品生产或者储存设备、库存产品及生产原料支出。

企业由于产权转让、公司制改建等变更股权结构或者组织形式的，其结余的安全费用应当继续按照本办法管理使用。

企业调整业务、终止经营或者依法清算，其结余的安全费用应当结转本期收益或者清算收益。

第三十条 本办法第二条规定范围以外的企业为达到应当具备的安全生产条件所需的资金投入，按原渠道列支。

第四章 监督管理

第三十一条 企业应当建立健全内部安全费用管理制度，明确安全费用提取和使用的程序、职责及权限，按规定提取和使用安全费用。

第三十二条 企业应当加强安全费用管理，编制年度安全费用提取和使用计划，纳入企业财务预算。

企业年度安全费用使用计划和上一年安全费用的提取、使用情况按照管理权限报同级财政部门、安全生产监督管理部门、煤矿安全监察机构和行业主管部门备案。

第三十三条 企业安全费用的会计处理，应当符合国家统一的会计制度的规定。

第三十四条 企业提取的安全费用属于企业自提自用资金，其他单位和部门不得采取收取、代管等形式对其进行集中管理和使用，国家法律、法规另有规定的除外。

第三十五条 各级财政部门、安全生产监督管理部门、煤矿安全监察机构和有关行业主管部门依法对企业安全费用提取、使用和管理进行监督检查。

第三十六条 企业未按本办法提取和使用安全费用的，安全生产监督管理部门、煤矿安全监察机构和行业主管部门会同财政部门责令其限期改正，并依照相关法律法规进行处理、处罚。

建设工程施工总承包单位未向分包单位支付必要的安全费用以及承包单位挪用安全费用的，由建设、交通运输、铁路、水利、安全生产监督管理、煤矿安全监察等主管部门依照相关法规、规章进行处理、处罚。

第三十七条 各省级财政部门、安全生产监督管理部门、煤矿安全监察机构可以结合本地区实际情况，制定具体实施办法，并报财政部、国家安全生产监督管理总局备案。

第五章 附 则

第三十八条 本办法由财政部、国家安全生产监督管理总局负责解释。

第三十九条 实行企业化管理的事业单位参照本办法执行。

第四十条 本办法自公布之日起施行。《关于调整煤炭生产安全费用提取标准加强煤炭生产安全费用使用管理与监督的通知》（财建［2005］168号）、《关于印发〈烟花爆竹生产企业安全费用提取与使用管理办法〉的通知》（财建［2006］180号）和《关于印发〈高危行业企业安全生产费用财务管理暂行办法〉的通知》（财企［2006］478号）同时废止。《关于印发〈煤炭生产安全费用提取和使用管理办法〉和〈关于规范煤矿维简费管理问题的若干规定〉的通知》（财建［2004］119号）等其他有关规定与本办法不一致的，以本办法为准。

财政部《关于统一地方教育附加政策有关问题的通知》

财综［2010］98号

各省、自治区、直辖市财政厅（局），新疆生产建设兵团财务局：

为贯彻落实《国家中长期教育改革和发展规划纲要（2010—2020年）》，进一步规范和拓宽财政性教育经费筹资渠道，支持地方教育事业发展，根据国务院有关工作部署和具体要求，现就统一地方教育附加政策有关事宜通知如下：

一、统一开征地方教育附加。尚未开征地方教育附加的省份，省级财政部门应按照《教育法》的规定，根据本地区实际情况尽快研究制定开征地方教育附加的方案，报省级人民政府同意后，由省级人民政府于2010年12月31日前报财政部审批。

二、统一地方教育附加征收标准。地方教育附加征收标准统一为单位和个人（包括外商投资企业、外国企业及外籍个人）实际缴纳的增值税、营业税和消费税税额的2%。已经财政部审批且征收标准低于2%的省份，应将地方教育附加的征收标准调整为2%，调整征收标准的方案由省级人民政府于2010年12月31日前报财政部审批。

三、各省、自治区、直辖市财政部门要严格按照《教育法》规定和财政部批复意见，采取有效措施，切实加强地方教育附加征收使用管理，确保基金应收尽收，专项用于发展教育事业，不得从地方教育附加中提取或列支征收或代征手续费。

四、凡未经财政部或国务院批准，擅自多征、减征、缓征、停征，或者侵占、截留、挪用地方教育附加的，要依照《财政违法行为处罚处分条例》（国务院令第427号）和《违反行政事业性收费和罚没收入收支两条线管理规定行政处分暂行规定》（国务院令第281号）追究责任人的行政责任；构成犯罪的，依法追究刑事责任。

财政部

二○一○年十一月七日